François Cherrier

Physik macht Spaß!

Experimente mit Spiegeln und mit Licht

François Cherrier

Physik macht Spaß!

Experimente

mit Spiegeln und mit Licht

Alle Fotos vom Autor
Deutsche Bearbeitung:
Oskar Beck

Verlag J. F. Schreiber, Esslingen
Österreichischer Bundesverlag, Wien
Schwager und Steinlein, Nürnberg

CIP-Kurztitelaufnahme der Deutschen Bibliothek
Cherrier, François
Physik macht Spaß! / Dt. Bearb.: Oskar Beck. –
Esslingen: Schreiber; Wien: Österreichischer
Bundesverlag; Nürnberg: Schwager und Steinlein.
Einheitssacht.: Physique amusante <dt>
NE: Beck, Oskar [Bearb.]
→ Cherrier, François: Experimente mit Spiegeln
und mit Licht

Cherrier, François
Experimente mit Spiegeln und mit Licht / dt.
Bearb.: Oskar Beck. – 1. – 10. Tsd. – Esslingen:
Schreiber; Wien: Österreichischer Bundesverlag;
Nürnberg: Schwager und Steinlein, 1978.
(Physik macht Spaß!/François Cherrier)
ISBN 3-480-50042-0 (Schreiber)
ISBN 3-215-02645-7 (Österreich. Bundesverl.)
NE: Beck, Oskar [Bearb.]

Titel der französischen Ausgabe: Physique amusante

Deutsche Bearbeitung:
Dipl. Chem. Oskar Beck, Dipl. Chem. Rolf Dehos,
Stud. Ref. Anne Heidbrink und
Dipl. Päd. Dr. rer. nat. Günter Knerr.
Redaktion und Gesamtgestaltung: Rolf Bianchi
Satzherstellung: Fotosatz Herrmann, Esslingen
ISBN 3-480-50042-0 (JFS)
ISBN 3-215-02645-7 (ÖBV)

Experimente mit Spiegeln und mit Licht

Inhalt

Spiegel

Unendlich viele Blumen

Was wir brauchen: 2 ebene Spiegel (Taschenspiegel) – 4 kleine Winkeleisen – 2 Wäscheklammern

Wie wir vorgehen: Mit dem Bastelmesser kratzen wir auf der Rückseite eines Spiegels in der Mitte so viel vom Lack ab, daß ein Kreis mit etwa 1 cm Durchmesser entsteht. Dann klemmen wir beide Spiegel mit Hilfe von Wäscheklammern jeweils so zwischen 2 Winkeleisen, daß sie aufrecht stehen und stellen sie parallel zueinander auf, wobei die verspiegelten Seiten einander zugewandt sind.

Was passiert: Wenn wir nun irgendeinen Gegenstand, z. B. eine Blume, in die Mitte zwischen die beiden Spiegel stellen und dann durch das kleine Loch blicken (Skizze A, S. 7), so sehen wir diesen Gegenstand unzählbar oft (Bild S. 6). Da nämlich jeder Spiegel jeweils das Spiegelbild des anderen zeigt, entstehen insgesamt unendlich viele Spiegelbilder.

Spiegel – einmal anders

Was wir brauchen: 2 ebene Spiegel (Taschenspiegel) – 1 Winkeleisen – 2 Wäscheklammern

Wie wir vorgehen: Mit Hilfe der Wäscheklammern und des Winkeleisens stellen wir die Spiegel so auf, daß sie einen rechten Winkel miteinander bilden (Skizze B, S. 7). Nun stellen wir vor die Spiegel einen Wecker, ein beschriftetes Schild oder irgendeinen anderen Gegenstand.

Was passiert: Zu unserer Überraschung sehen wir, daß das Spiegelbild des Weckers die Zeit richtig anzeigt und daß wir das Spiegelbild des Schildes mühelos lesen können (Bild S. 7). Wir sehen nämlich in jedem Spiegel das Spiegelbild des anderen, und natürlich wird ein seitenverkehrtes einfaches Spiegelbild beim nochmaligen Spiegeln seitenrichtig. Wenn wir selbst in diesen Spiegel blicken, dann sehen wir unser eigenes Gesicht so, wie es die anderen sehen.

Spiel mit Lichtstrahlen

Was wir brauchen: 1 ebenen Spiegel – 1 Karton mit engen, parallelen Einschnitten – 4 Winkeleisen – 2 Wäscheklammern

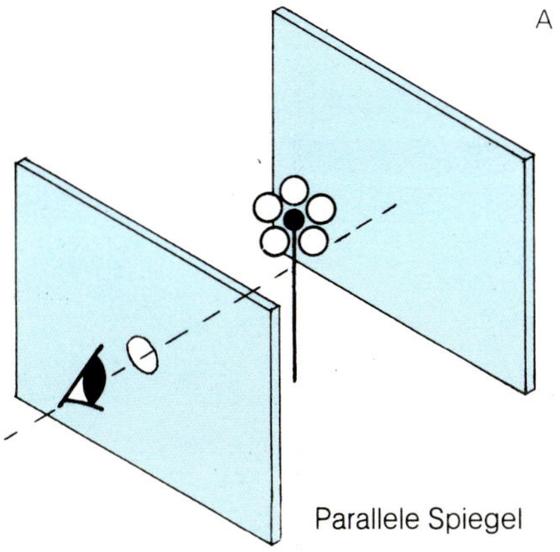

Parallele Spiegel

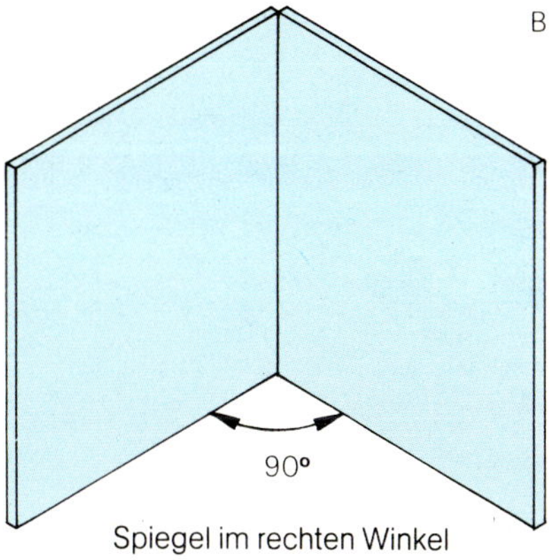

Spiegel im rechten Winkel

Wie wir vorgehen: Mit Hilfe zweier Winkeleisen und einer Klammer stellen wir den Karton – mit den Einschnitten zur Tischfläche hin – auf und richten ihn so aus, daß das Sonnenlicht oder das Licht einer Tischlampe senkrecht durch die Einschnitte hindurchfällt. Dann befestigen wir auch den Spiegel zwischen zwei Winkeleisen und stellen ihn im spitzen Winkel zum Karton auf (Bild S. 5).

Was passiert: Ganz gleich, wie groß wir im Bereich zwischen 0° und 90° den Winkel zwischen Spiegel und Karton wählen, stets werden wir beobachten, daß der Winkel, unter dem ein Lichtstrahl auf den Spiegel trifft, und der Winkel, unter dem der reflektierte Strahl den Spiegel verläßt, gleich groß sind. Auf dem Tisch kreuzen sich die einfallenden und reflektierten Strahlen zu einem hübschen Muster.

Ein Brennspiegel

Was wir brauchen: 1 runden Konkavspiegel (Rasierspiegel) – 1 schmalen Streifen Papier oder 1 dünnes Stück trockenes Holz

Wie wir vorgehen: Wir drehen den Spiegel so zur Sonne, daß seine optische Achse, d. h. die Achse, die senkrecht vom Mittelpunkt des Spiegels ausgeht, in Richtung zur Sonne zeigt. Dann halten wir den Papierstreifen oder das Holzstück vor den Spiegel und vergrößern oder verkleinern dessen Abstand vom Spiegel so lange, bis der kleinstmögliche Lichtfleck auf dem Papier bzw. Holz zu sehen ist (Bild S. 8).

Was passiert: Wir beobachten, daß das Papier oder Holz nach kurzer Zeit zu brennen beginnt. Wenn nämlich die Sonnenstrahlen parallel zur optischen Achse auf einen Konkavspiegel treffen, so vereinigen sie sich nach der Reflexion alle in einem Punkt, dem **Brennpunkt.** In ihm konzentriert sich die gesamte auf den Spiegel auftretende Sonnenwärme, die dadurch so stark wird, daß sie brennbare Gegenstände entzünden kann. Den Verlauf der Sonnenstrahlen können wir auch sichtbar machen! Wir bitten dazu einen Raucher, den Rauch seiner Zigarette oder Zigarre vor unseren Spiegel zu blasen. Dann werden wir beobachten, wie sich zwei Lichtkegel bilden, deren Spitzen genau im Brennpunkt aufeinanderstoßen.

Anmerkung: Brennspiegel sind schon seit langer Zeit bekannt. Man erzählt sich, daß Archimedes die römische Flotte vor Syrakus in Brand gesteckt habe, indem er mit Hilfe von Brennspiegeln Sonnenstrahlen auf die Schiffe lenkte. Heute ermöglicht es das Sonnenkraftwerk von Odeillo in den Pyrenäen, das als Hauptbauteil einen großen Konkavspiegel enthält, Temperaturen von über 3000° C zu erreichen.

Nicht vergessen! Wir sollten niemals einen Brennspiegel in der Sonne liegenlassen. Es könnte sonst sein, daß bei geeignetem Sonnenstand nahe Gegenstände zu brennen beginnen.

Sonnenofen I (einfache Ausführung)

Was wir brauchen: 1 Reflektorspiegel eines alten Autoscheinwerfers (Altauto-Verwertung) – 1 Korkstopfen – 1 Holzplatte (etwas größer als der Scheinwerferdurchmesser) – 2 Holzleisten (ca. 1 cm dick und ca. 3 cm länger als der Radius des Spiegels) – 4 Holzschrauben (2 Rundkopfschrauben, 2 Senkkopfschrauben) – 4 Beilagscheiben aus Metall – 1 schwerschmelzbares, kleines Reagenzglas – Stecknadeln

Wie wir vorgehen: Wir biegen zunächst die Randleiste des Scheinwerferspiegels nach oben und bohren zwei Löcher einander genau gegenüber in das Blech. In jedes Loch stekken wir eine Rundkopfschraube und drehen sie mit einem Schraubenzieher in die Holzleisten. Dabei soll sich zu beiden Seiten des Blechs eine Beilagscheibe befinden. Wenn wir die Leisten nun (von unten her) auf der Holzplatte festschrauben, so haben wir eine Halterung, in der unser Spiegel drehbar aufgehängt ist. In das Loch, durch das normalerweise die Scheinwerferbirne geführt wird, stekken wir schließlich den Korkstopfen (eventuell etwas zurechtfeilen), auf dem wir mit einigen Stecknadeln das Reagenzglas genau in der optischen Achse des Spiegels fixieren. Wir füllen nun das Glas mit etwas Wasser, richten den Spiegel gegen die Sonne und verschieben das Reagenzglas so lange, bis sein Boden genau im Brennpunkt liegt (Bild S. 9).

Was passiert: Bereits nach kurzer Zeit beginnt das Wasser zu kochen. Die im Brennpunkt konzentrierte Sonnenwärme reicht aus, um das Wasser zum Sieden zu erhitzen.

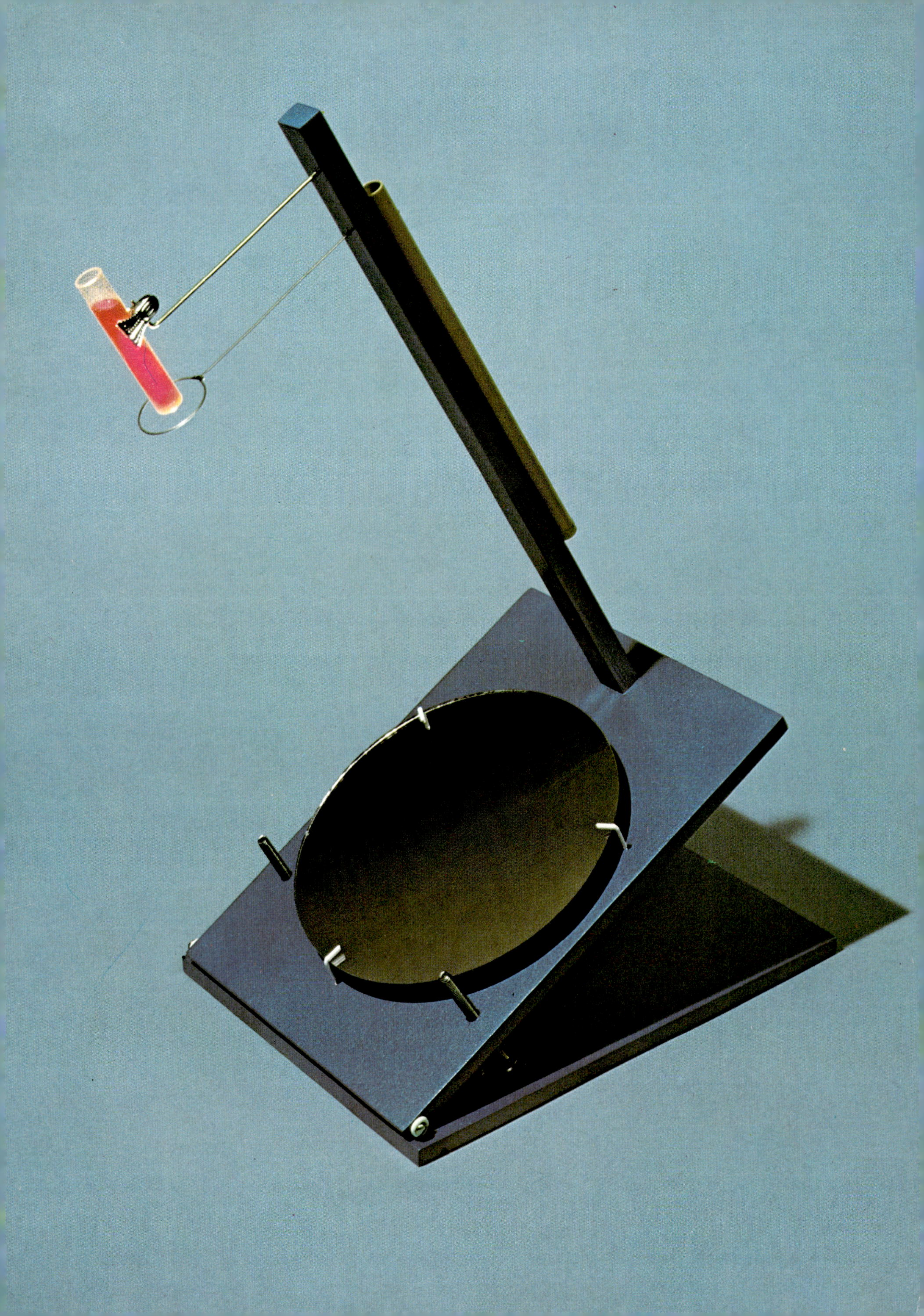

Sonnenofen II (verbesserte Ausführung)

Bei diesem Experiment sollten die Eltern behilflich sein. Es erfordert viel Vorbereitung!

Was wir brauchen: Die Nummern beziehen sich auf das Bild auf S. 11 und die Skizzen auf S. 12!
1 Holzplatte 27 x 21 x 1 cm ① – 1 Holzplatte 27 x 19 x 1 cm ② – 1 Holzstab 36 x 1,5 x 1,5 cm ③ – 1 Konkavspiegel von 18 cm Durchmesser, der aus dem Rahmen eines Rasierspiegels gelöst wurde ④ – 2 Rundkopfschrauben für Metall (M 6) von etwa 7 cm Länge mit den dazugehörigen Muttern ⑤ – 1 Metallstricknadel ⑥, biegsam – 1 kleinen Vorhangzwicker aus Metall ⑦ – 1 Lage Zellstoff (Apotheke) ⑧ – Metalldraht ⑨ z. B. Blumendraht – 3 kunststoffüberzogene Schraubhäkchen (Haushaltsgeschäft) ⑩ – 2 kunststoffüberzogene Ringschrauben ⑪ – 2 Rundkopfholzschrauben (passend durch ⑪) ⑫ – 1 kleines, schwerschmelzbares Reagenzglas oder 1 Tablettenröhrchen aus Aluminium ⑬. Der Boden wird mit matter, schwarzer Farbe bemalt – 1 Senkkopfholzschraube ⑮ – Grobes Schleifpapier

Wie wir vorgehen: Das Photo auf S. 11 zeigt den zerlegten Sonnenofen, die Skizzen von S. 12 zeigen die Einzelheiten der Konstruktion. Zunächst bestimmen wir den Abstand des Brennpunktes vom Spiegel. Dazu richten wir den Spiegel gegen die Sonne, halten in die optische Achse zwischen Spiegel und Sonne einen Metallstreifen (nicht brennbar!) und verändern dessen Abstand vom Spiegel so lange, bis der auf ihm sichtbare Lichtfleck so klein wie möglich ist. Sollte der Abstand in dieser Stellung nicht 29 cm betragen, so müssen wir die Skizze auf S. 12 entsprechend korrigieren. Als nächstes bohren wir in die Platte ② die Löcher für die Schrauben ⑤, die etwas größer sein müssen als der Schraubendurchmesser. Auf der Unterseite der Platte erweitern wir die Löcher gerade so weit, daß wir die Muttern darin versenken können. Dann markieren wir auf der Gegenplatte ① die Berührungspunkte der Schraubenköpfe und bohren dort jeweils eine Mulde, in der die Schraubenköpfe ganz versenkt werden können. Die Grundfläche des Ständers ③ muß exakt rechtwinklig abgesägt sein, damit wir ihn genau senkrecht auf Platte ② befestigen können. Am besten kleben wir den Ständer zunächst auf, überprüfen seine genau senkrechte Stellung mit einem Zeichendreieck oder Winkelmesser und fixieren ihn dann zusätzlich von der Unterseite her mit Schraube ⑤, deren Kopf ebenfalls vollständig versenkt werden muß. Die untere Vorderkante von Platte ② runden wir mit Schleifpapier ab, so wie wir es in der Skizze auf S. 12 sehen. Dann schrauben wir die beiden Ringschrauben ⑪ 7 mm von der Vorderkante entfernt in die Ecken der Platte ①, legen Platte ② zwischen sie auf Platte ①, stecken nun die Schrauben ⑫ durch die Ringe hindurch und befestigen sie auf den Schmalseiten der Platte ②. Wir erhalten auf diese Weise ein Drehgelenk. Als nächstes zeichnen wir mit einem Bleistift den Umriß des Spiegels auf Platte ② und markieren auf dem Kreis 3 Punkte, die gleich weit voneinander entfernt sind. Dann schneiden wir aus der Zellstofflage ⑧ einen Ring von 4 cm Breite und 15 cm Innendurchmesser und legen ihn in den Bleistiftkreis. Auf den Ring legen wir den Spiegel und befestigen ihn vorsichtig mit den 3 Häkchen ⑩, die wir in die zuvor markierten Kreispunkte schrauben. Den Halter für das Röhrchen ⑬ fertigen wir aus der Stricknadel ⑥ an, indem wir deren Ende zu einem rechtwinkligen Haken biegen und diesen durch das Loch im Gelenk des Vorhangzwickers ⑦ stecken, wie wir es im Bild auf S. 12 oben sehen. Falls das nicht geht, genügt es auch, mit einem Eisendraht (Blumendraht) das Röhrchen am Haken zu befestigen ⑭. Der Ring ⑨ zur Bestimmung der Brennebene (in welcher der Brennpunkt liegt) besteht aus einem Stiel von 10 cm Länge und einem Kreis von 3 cm Durchmesser aus Eisendraht. Er wird auf dem Ständer ③ in 29 cm Abstand vom Spiegel (bzw. dem zu Beginn bestimmten Abstandswert) befestigt. Darüber bringen wir den Halter mit dem Röhrchen ⑬ so an, daß sich dessen Boden genau in der Mitte des Ringes ⑨ befindet. Schließlich befestigen wir mit 2 kleinen Nägeln auf der Rückseite des Ständers ③ eine Papprohre von ca. 20 cm Länge und 1 cm Durchmesser, über deren unteres Ende wir ein Blatt Transparentpapier als Visier geklebt haben (ist aber für die Funktion des Sonnenofens nicht unbedingt notwendig). Zur Ju-

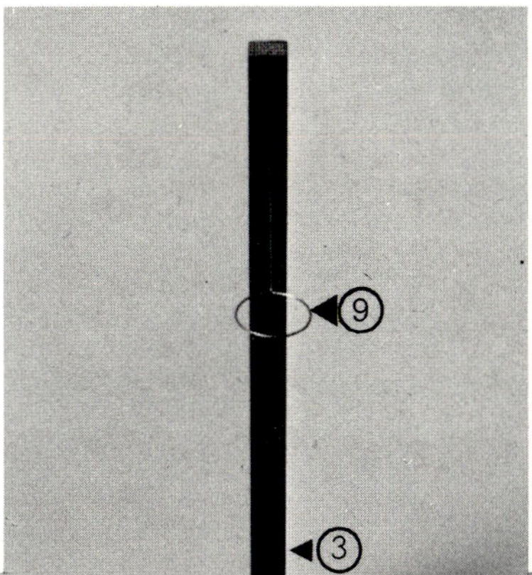
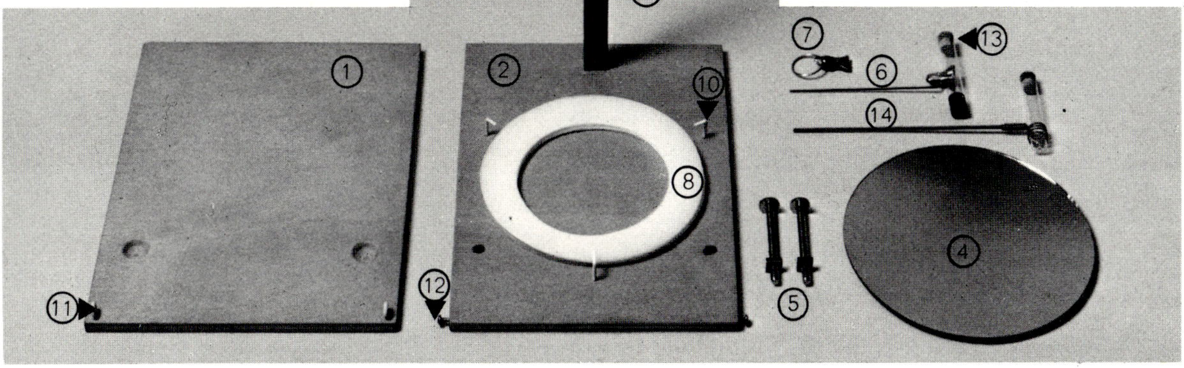

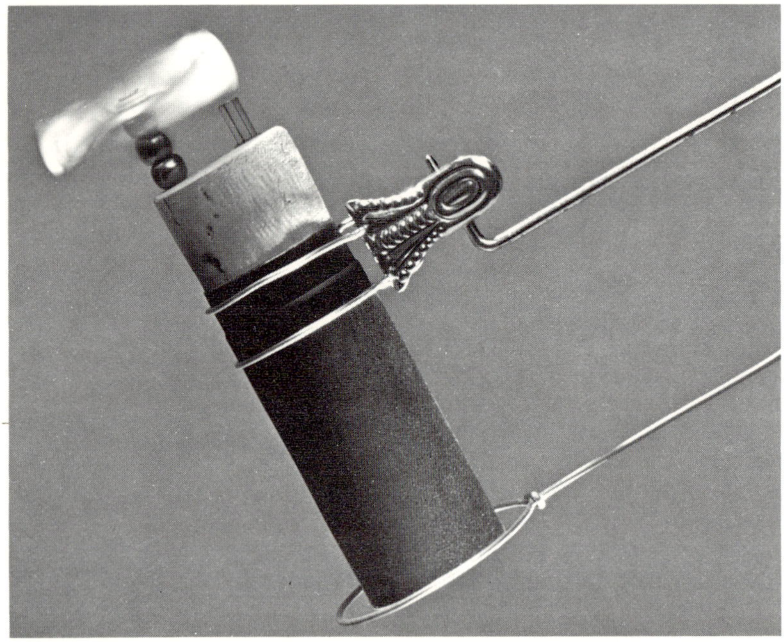

stierung des Sonnenofens neigen wir die Platte, die den Spiegel trägt, durch Verstellen der Schrauben ⑤ so weit, daß die optische Achse des Spiegels genau zur Sonne zeigt. Wenn der Brennpunkt nicht genau im Mittelpunkt des Ringes ⑨ liegt, verstellen wir mit den Haken ⑩ die Lage des Spiegels entsprechend. (Vorsicht, daß dabei der Spiegel nicht zerbricht!). In dieser Stellung beleuchtet die Sonne genau das Transparentpapier am Boden des Visiers, wodurch uns später eine neue Justierung erleichtert wird.

Was passiert: Wenn der Spiegel und das Röhrchen richtig eingestellt sind, können wir in ganz kurzer Zeit Wasser im Röhrchen zum Sieden bringen, weil im Brennpunkt des Spiegels die Sonnenwärme so stark konzentriert wird.

Eine kleine Dampfturbine

Was wir brauchen: Sonnenofen II – Tablettenröhrchen von ca. 2 cm Durchmesser aus Metall – 1 Korkstopfen, der auf das Röhrchen paßt – 1 dünnes Glasröhrchen ca. 5 cm lang – 1 rundes Plättchen aus Blech oder Glanzfolie von 3 cm Durchmesser – 1 Nagel mit flachem Kopf – Glasperlen zum Auffädeln (Spielwarengeschäft) – Matte, schwarze Farbe

Wie wir vorgehen: Das Tablettenröhrchen streichen wir außen mit der matten Farbe schwarz an. In den Kork-

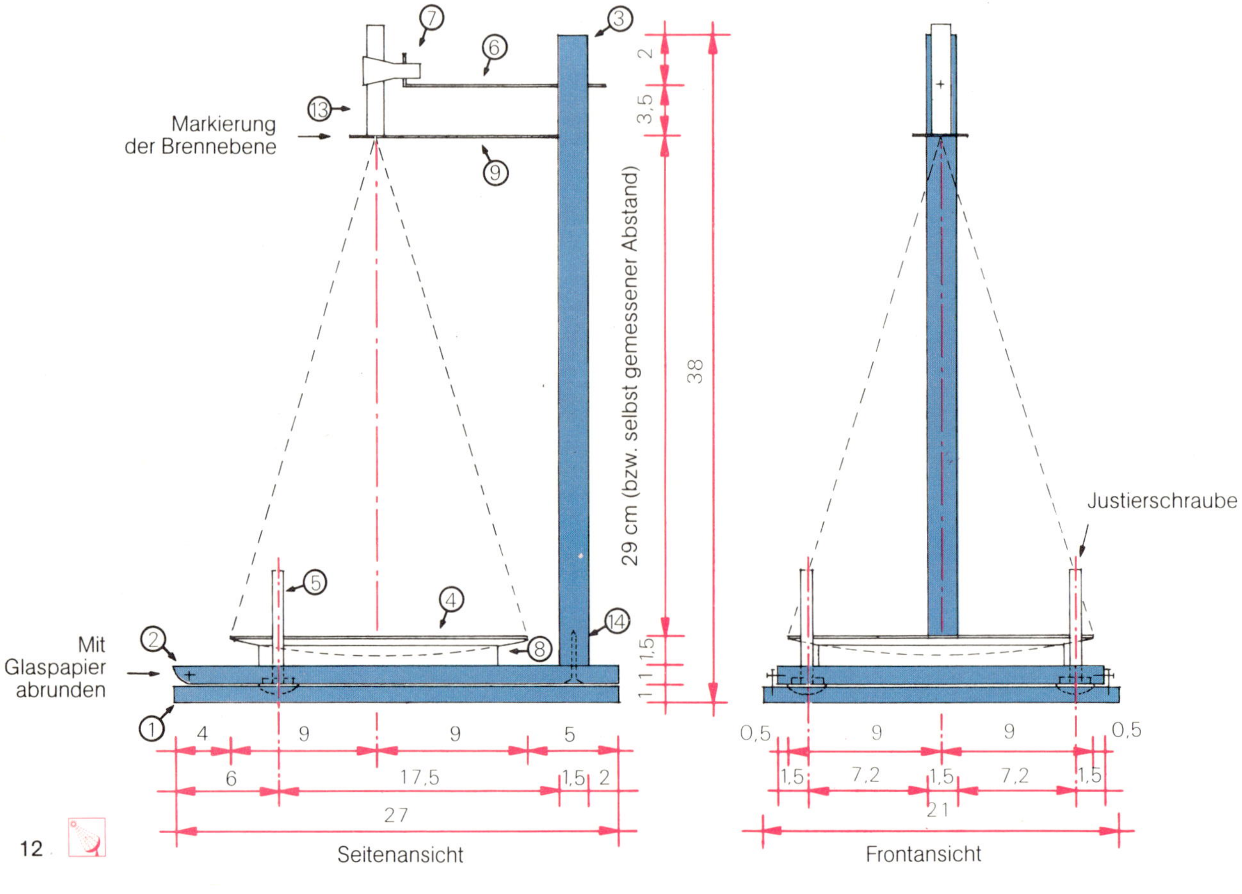

stopfen bohren wir nahe am Rand ein Loch, in das wir das Glasröhrchen so hineinschieben, daß es gerade mit der Unterseite des Stopfens abschließt. Schließlich formen wir aus dem Blechplättchen einen kleinen Propeller. Diesen befestigen wir mit dem Nagel und einigen Glasperlen so auf dem Stopfen, daß er das obere Ende des Glasröhrchens gerade nicht berührt. Um das Tablettenröhrchen biegen wir einen Ring aus Blumendraht, befestigen es damit an der Halterung unseres Sonnenofens II, füllen es zu 2/3 mit Wasser und setzen den Stopfen fest auf (Bild S. 12).

Was passiert: Wenn wir den Sonnenofen richtig eingestellt haben, kommt das Wasser im Röhrchen rasch zum Sieden, der Dampf entweicht durch das Glasröhrchen und treibt dabei den Propeller an.

Das Kaleidoskop

Was wir brauchen: 2 Spiegel von 12 cm Länge und 4 cm Breite (vom Glaser zuschneiden lassen) – 1 Karton von gleicher Größe – 2 Gummibänder oder Klebestreifen – Kleine Buntpapierstückchen

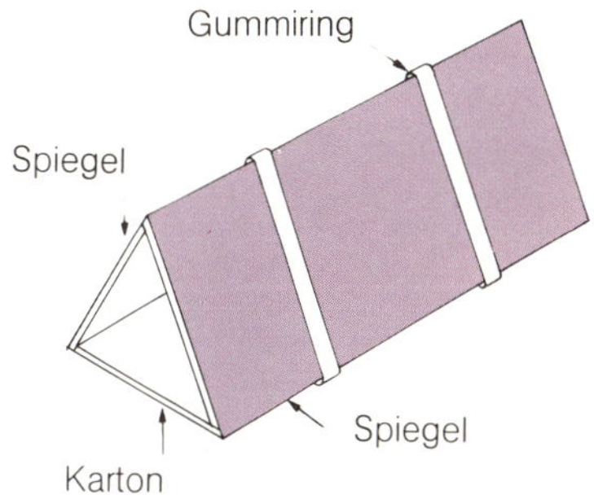

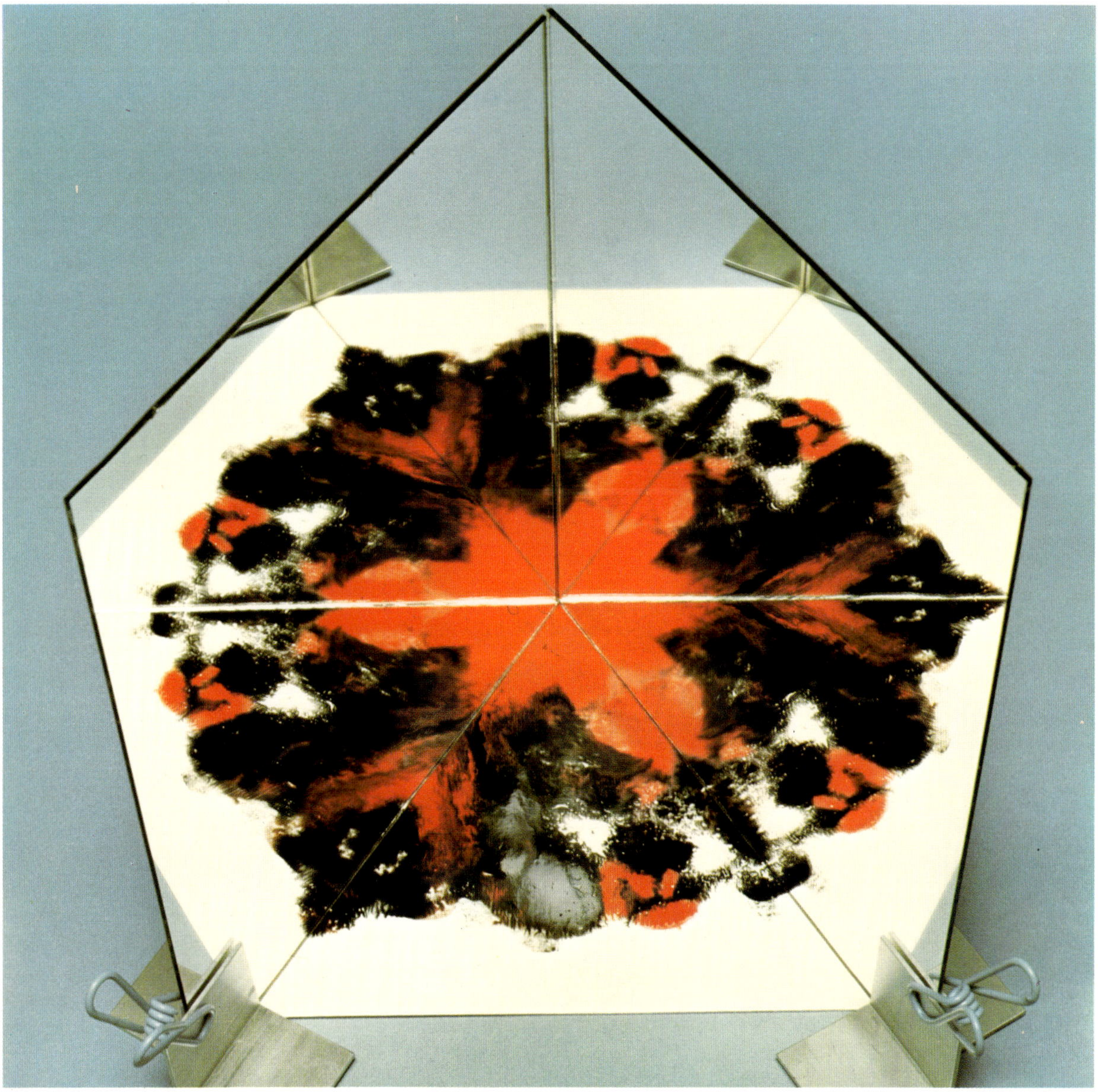

Wie wir vorgehen: Mit den Gummibändern oder den Klebestreifen verbinden wir die beiden Spiegel und den Karton zu einem Prisma, wie es die Skizze auf S. 13 zeigt. Einige Zentimeter von einem Ende dieses Prismas entfernt legen wir Buntpapierstückchen auf ein weißes Blatt und betrachten sie vom anderen Ende her durch das Prisma. Wir können auch lediglich die beiden Spiegel mit je 2 Winkeleisen und einer Klammer so auf ein Bild stellen, daß sie miteinander einen Winkel von 60° bilden und dann von vorne auf die Spiegel blicken. (Bild S. 13).

Was passiert: Beim Hindurchblicken durch das Prisma sehen wir wunderschöne Bilder, die sich jedesmal ändern, wenn wir die Buntpapierstückchen bewegen. Zwei Spiegel, die unter einem Winkel von 60° zueinander stehen, zeigen nämlich nicht nur 2 direkte Spiegelbilder, sondern auch noch 3 Bilder der Spiegelbilder. Insgesamt ergibt das also 5 Bilder. Wir können das im zweiten Fall sehr schön sehen (das Original ist dort das sechste Bild). Die Erfindung des Kaleidoskops verdanken wir dem schottischen Physiker Brewster (1818).

Anmerkung: Noch schönere Bilder können wir bekommen, wenn wir statt des Kartons einen dritten Spiegel verwenden.

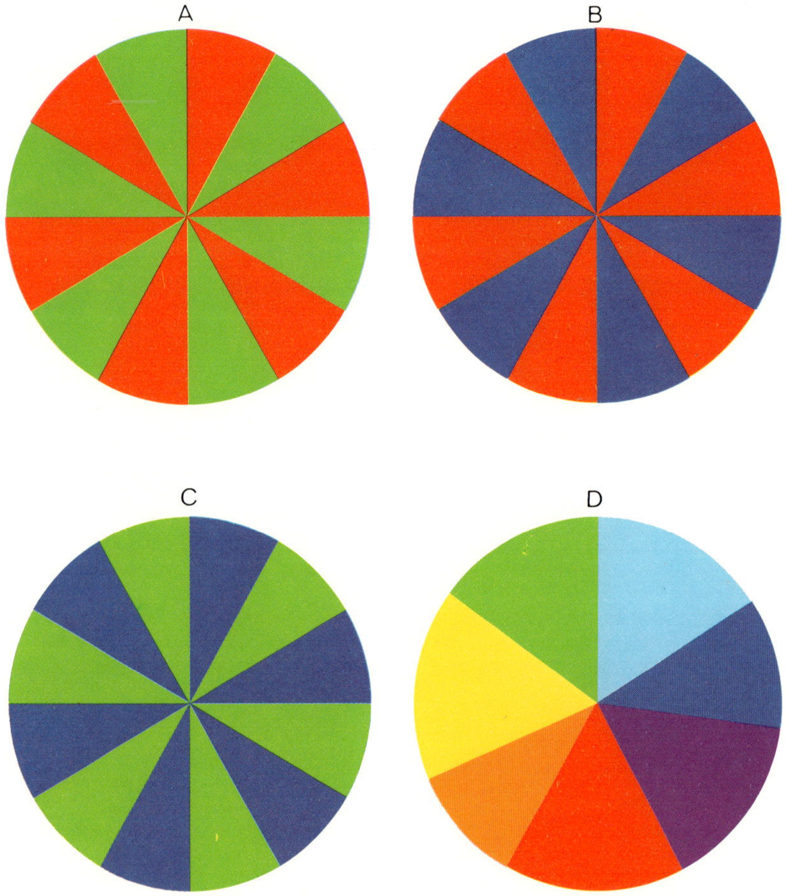

Vier Farbenkreisel zum Experiment auf Seite 29

Licht

Das elektrische Licht

Was wir brauchen: 1 große Holzplatte (circa 100 x 50 cm) – 7 hölzerne Zwirnspulen – 7 runde Bleistifte oder Holzstäbchen – 1 große Glühbirnenschachtel – 1 kleinere Glühbirnenschachtel – 1 Batterie 4,5 V – 7 Taschenlampenbirnchen 3,5 V – 7 Schraubfassungen dazu – 2 m dünnes, 2-poliges Flachkabel – 1 Stück starken isolierten Kupferdraht – 14 kurze Stücke Klingeldraht – dünne Nägel – Schleifpapier – Klebestreifen

Wie wir vorgehen: Zunächst bauen wir gemäß Skizze A auf S. 20 aus den Zwirnspulen, den Bleistiften und den Nägeln sieben Leitungsmasten. Die Schnittstellen an den Spulen glätten wir mit Schleifpapier. Dann basteln wir nach Skizze B auf S. 20 und Skizze C auf S. 21 das kleine Häuschen. Das Dach und die Giebelseiten schneiden wir aus der größeren Schachtel aus (Skizze C). Das Haus selbst besteht aus der kleineren Schachtel, in der wir mit je 1 senkrechten und 2 waagrechten Schnitten des Bastelmessers die Fenster so anbringen, daß sich die Läden öffnen lassen. In eine Giebelwand schneiden wir 3 kleine Löcher (Skizze B) und stecken durch das untere Loch ein Stück starken Kupferdraht, den wir teilweise abisoliert und zweimal abgeknickt haben. Mit einem Stück Klebeband befestigen wir ihn an der Giebelinnenseite. Nun stecken wir in ein Loch, das wir zuvor in den „Speicherboden“ des Häuschens gemacht haben, ein Glühbirnchen mit Fassung, knüpfen zwei kurze Klingeldrähte an die Ösen der Fassung, ziehen sie durch die beiden anderen Löcher der Giebelwand und wickeln sie getrennt voneinander um den isolierten Teil des Anschlußmastes. Anschließend kleben wir das Häuschen zusammen, können es eventuell ein wenig anmalen und befestigen es mit etwas Leim in einer Ecke der Platte. Die Batterie stellen wir in eine andere Ecke. Zwischen Haus und Batterie kleben wir die 7 Leitungsmasten auf, z. B. so, wie es auf dem Bild S. 18/19 zu sehen ist. Jetzt schneiden wir die Isolierung des Flachkabels der Länge nach auf und verdrillen jedes der beiden Bündel feiner Drähte ein wenig. Eines der Bündel verbinden wir am oberen Teil des Anschlußmastes vom Häuschen mit dem Klingeldraht, ziehen es dann

weiter zum ersten Mast, wickeln es zweimal um einen der Nägel, spannen es und ziehen so weiter von Mast zu Mast bis wir es schließlich an einem Pol der Batterie befestigen können. Genauso verfahren wir, ausgehend vom unteren Teil des Anschlußmastes und unter Benutzung der jeweils anderen Nägel an den Masten mit dem zweiten Drahtbüschel, schließen es aber noch nicht an der Batterie an. Nun befestigen wir je 2 kurze Klingeldrähte an den Ösen der Lämpchenfassungen, schrauben die Lämpchen ein und befestigen die Drähte jeweils in der Mitte zwischen 2 Masten an den „Oberleitungen", indem wir sie einigemale herumwickeln. Jedes Lämpchen hängt somit zwischen den beiden Drähten.

Was passiert: Wenn wir das Ende des zweiten Drahtbüschels mit dem freien Pol der Batterie verbinden, so leuchten alle Lampen sofort auf. Ganz wie in der Wirklichkeit haben wir den elektrischen Strom vom „Kraftwerk" (Batterie) über Leitungsdrähte zu den „Verbrauchern" – in unserem Fall Straßen- und Hausbeleuchtung – geführt, wo die elektrische Energie in Lichtenergie umgewandelt wird.

Anmerkung: Wir können einfache Fassungen für unsere Lämpchen aus Packpapier, Aluminiumfolie und einem starken Karton auch selbst anfertigen. Dazu schneiden wir aus den angegebenen Materialien zuerst die Einzelteile gemäß Skizze D auf S. 21. In die Mitte des Kartonstreifens machen wir ein Loch für den Birnchenschraubsockel und kleben das kurze Stück Alu-Folie so darauf, daß das markierte Sternchen auf dieses Loch zu liegen kommt. Dann lassen wir einen kleinen Abstand und kleben das lange Alu-Streifchen so auf das andere Kartonende, daß die gestrichelte Stelle mit dem Rand des Kartonstreifchens übereinstimmt. Schließlich legen wir den Packpapierstreifen links neben den Karton und kleben das freie Ende des langen Alu-Streifens darauf. Dann klappen wir den Papierstreifen auf den Kartonstreifen und befestigen die beiden Plättchen mit 2 Heftklammern so aufeinander, daß ein kleiner Bogen entsteht. Wenn wir jetzt die Alufolie an der Stelle mit dem Sternchen einige Male einschneiden, ein Lämpchen in das Loch schrauben bis es mit dem oberen Bogen Kontakt hat und die Halterung zwischen die Drähte legen, wird das Lämpchen aufleuchten (Bild S. 21 oben).

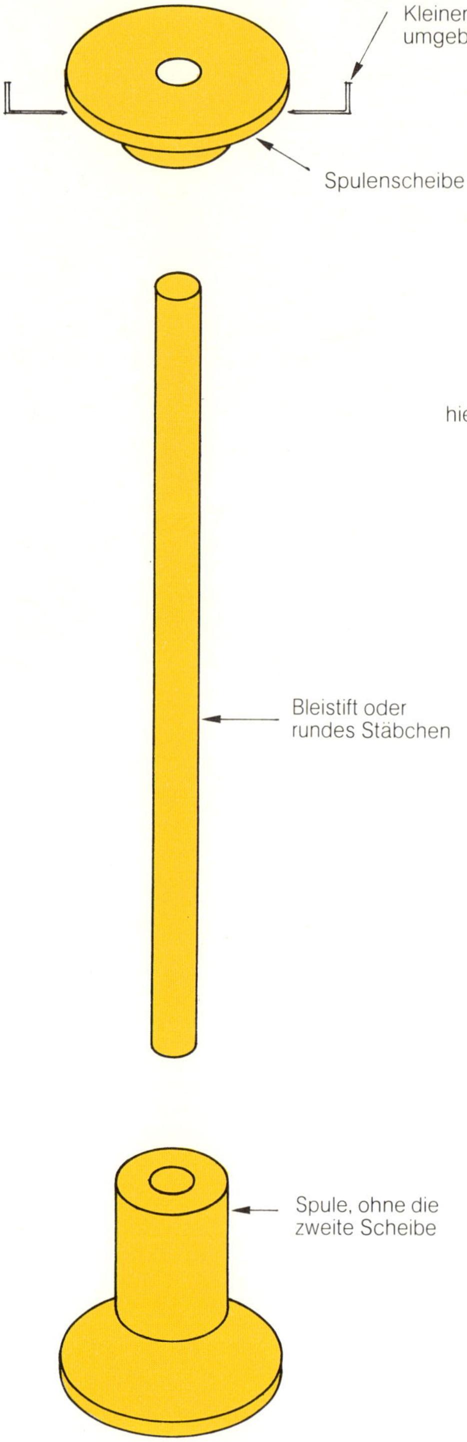
Kleiner Nagel, umgebogen
Spulenscheibe
Bleistift oder rundes Stäbchen
Spule, ohne die zweite Scheibe

A

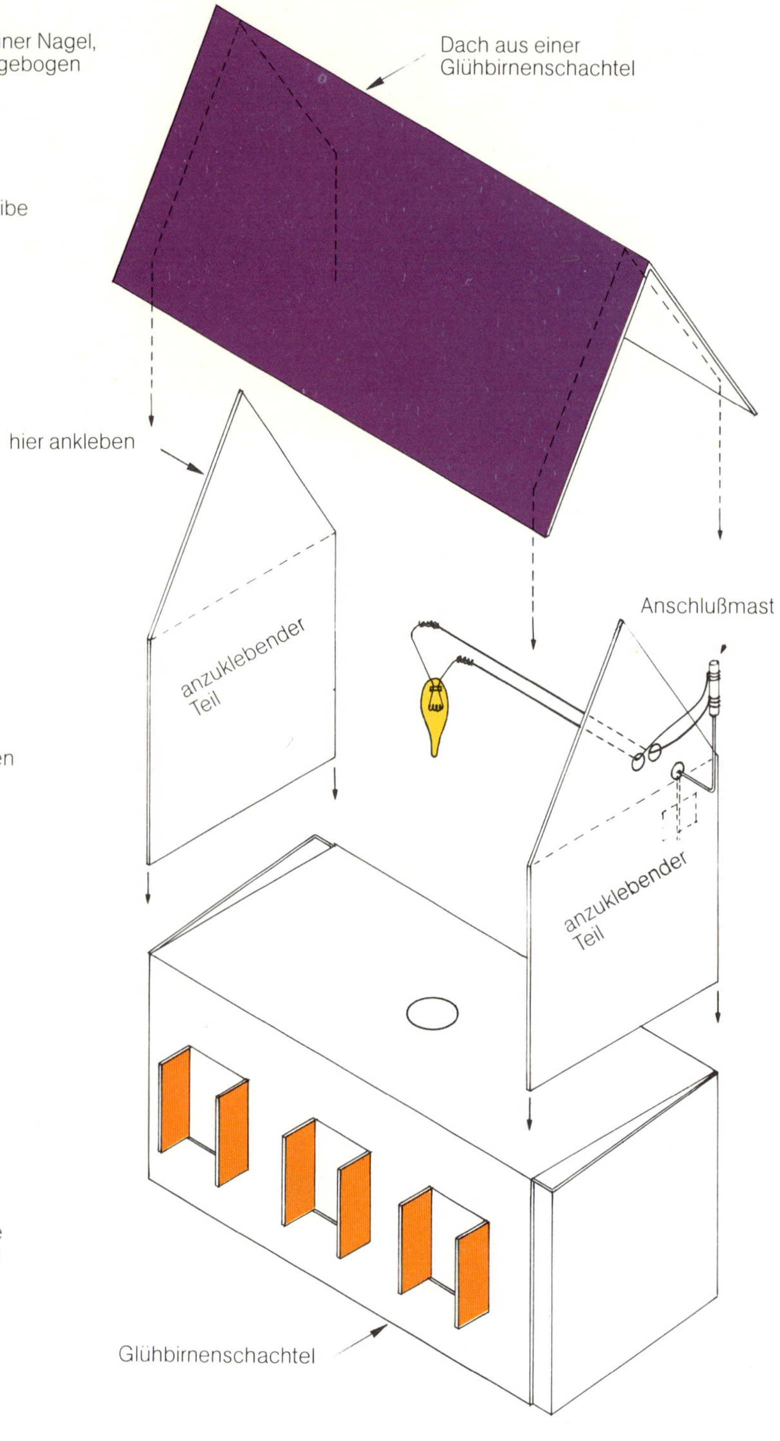
Dach aus einer Glühbirnenschachtel
hier ankleben
anzuklebender Teil
Anschlußmast
anzuklebender Teil
Glühbirnenschachtel

B

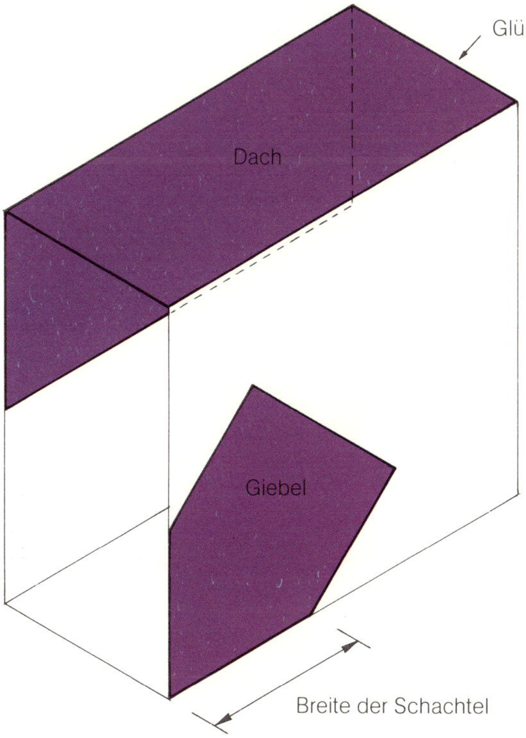
Glühbirnenschachtel
Dach
Giebel
Breite der Schachtel

C

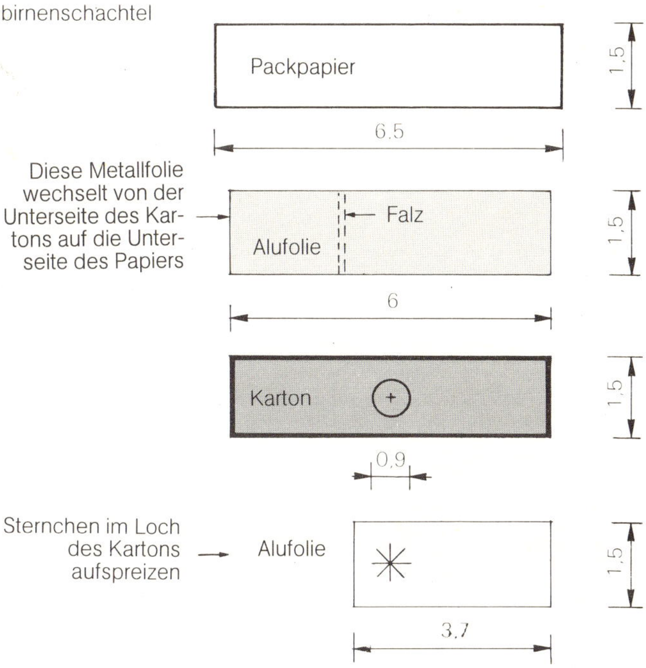
Packpapier
1,5
6,5
Diese Metallfolie wechselt von der Unterseite des Kartons auf die Unterseite des Papiers
Falz
Alufolie
1,5
6
Karton
1,5
0,9
Sternchen im Loch des Kartons aufspreizen
Alufolie
1,5
3,7

D

Der leuchtende Springbrunnen

Was wir brauchen: 1 Mineralwasserflasche aus Plastik (möglichst mit gerillter Oberfläche) – 1 Korkstopfen (passend zur Flasche) – 1 Blumenschale aus Styropor – 2 quadratische Styroporplatten (Kantenlänge etwa 10 bzw. 15 cm größer als der Bodendurchmesser der Blumenschale) – 2 kurze Glasröhrchen – 1 Tropfpipette (Apotheke) – 1 Schlauch ca. 1 m lang – 1 durchsichtiger Schlauch ca. 50 cm lang (Benzinschlauch) – Drahtgitter (Fliegengitter) – Eisendraht (Blumendraht) – 1 flache Taschenlampe – Rote Tinte – Schwarze Farbe

Wie wir vorgehen: Wir bohren in den Korkstopfen ein Loch und stecken eines der Glasröhrchen hindurch. Dann schneiden wir den Boden der Plastikflasche ab, verschließen den Flaschenhals mit dem Stopfen und befestigen am Röhrchen den durchsichtigen Schlauch. Aus dem Drahtgitter bauen wir einen 50 cm hohen Zylinder, dessen Durchmesser so groß sein muß, daß wir die Flasche eben hineinstecken können (Bild S. 22). Die Zylinderränder verbinden wir mit Eisendraht, den wir durch die Maschen verknoten. In einer der Rillen wickeln wir Eisendraht um die Flasche und befestigen sie damit am Drahtgitterzylinder. Auf diese Weise erhalten wir ein Wasserreservoir. Als nächstes bauen wir den eigentlichen Springbrunnen. Dazu schneiden wir in die Mitte der beiden Styroporplatten eine runde Öffnung, deren Durchmesser etwa 5 cm kleiner ist als der Bodendurchmesser der Blumenschale. Zusätzlich schneiden wir aus der größeren Platte einen etwa 2 cm breiten Streifen zwischen dem Innenkreis und einer Randseite. Dann kleben wir

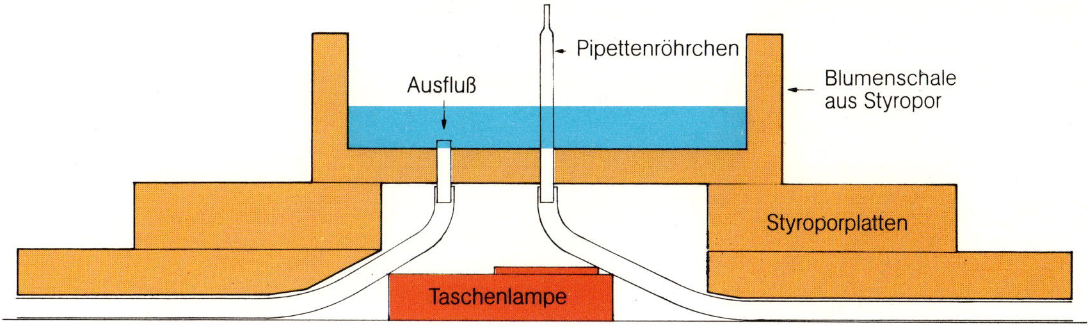

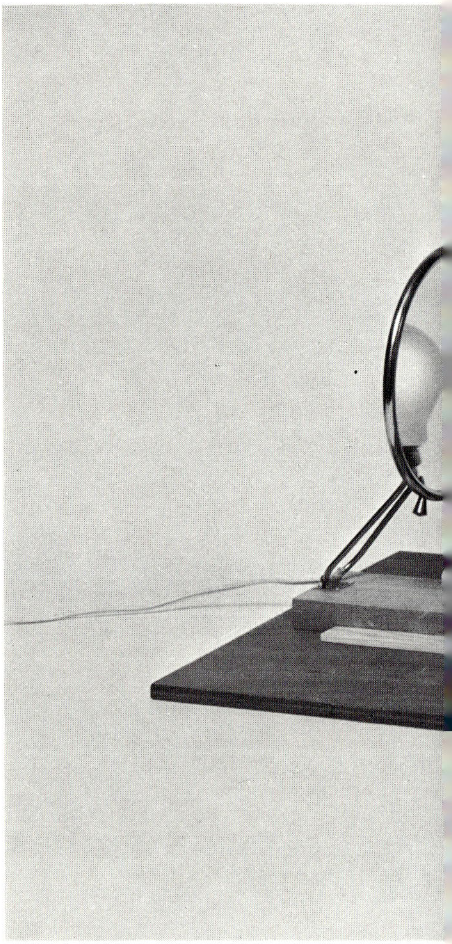

die Platten aufeinander. Nun bohren wir in die Mitte des Blumenschalenbodens und einige cm davon entfernt je ein Loch, durch das wir das Pipettenröhrchen (Mitte) und das zweite Glasröhrchen eben hindurchstecken können. Das Glasröhrchen soll mit dem Schalenboden abschließen. Von der Unterseite schließen wir an die Pipette den Schlauch vom Wasserreservoir an, am Glasröhrchen befestigen wir den zweiten Schlauch und leiten ihn zu einem Eimer am Boden (Bild S. 22 und Skizze S. 23). Die Unterseite des Springbrunnens malen wir schwarz an und legen die Taschenlampe eingeschaltet in den inneren Hohlraum genau unter die Pipette (Skizze S. 23). Nun verdunkeln wir den Raum und gießen mit roter Tinte angefärbtes Wasser in die Flasche.

Was passiert: Aus der Pipette schießt ein leuchtender Wasserstrahl hoch. Da der Wasserspiegel im Reservoir

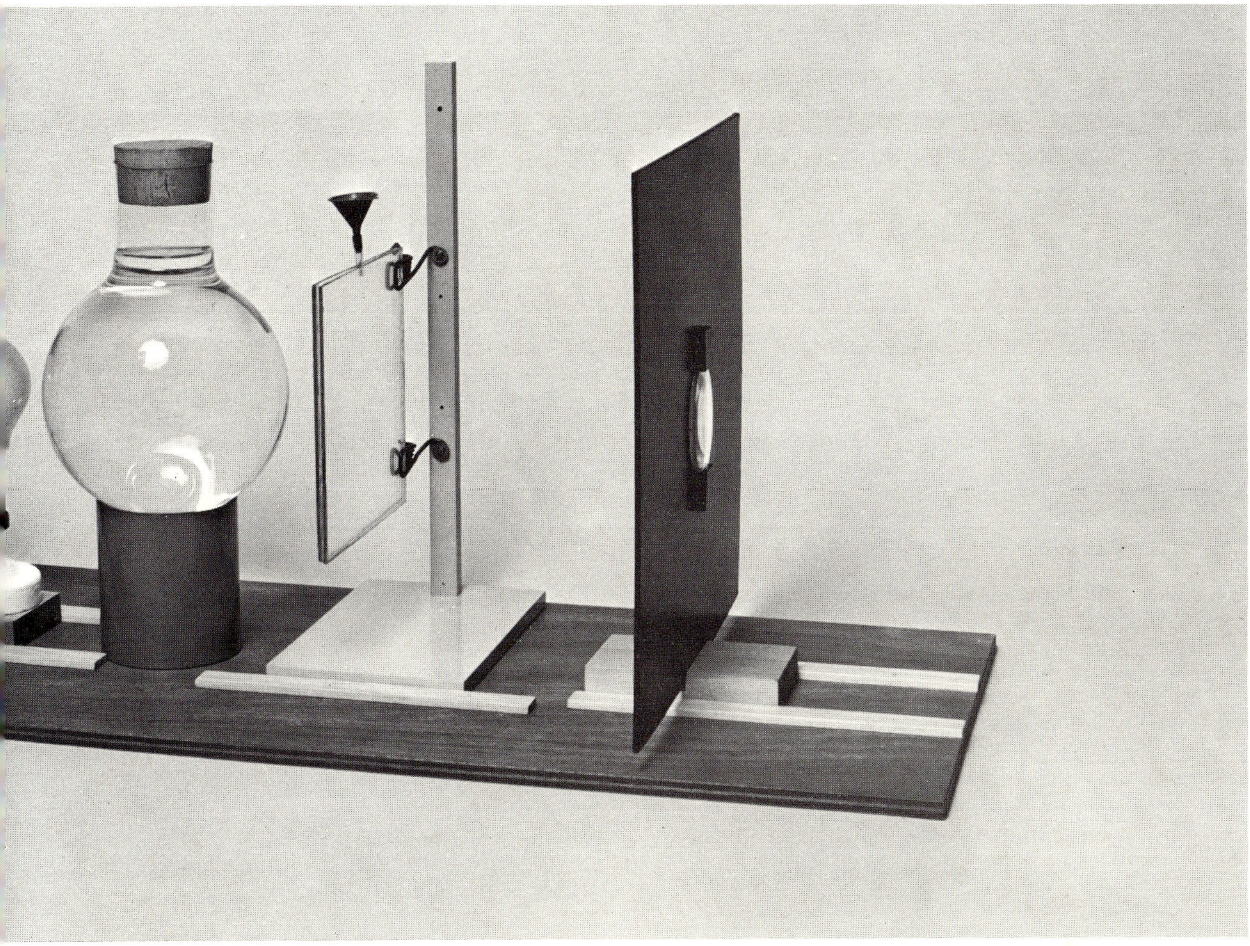

höher steht als die Pipettenspitze, steht das Wasser dort unter Druck und wird hinausgepreßt (Prinzip der kommunizierenden Röhren). Das Licht der Lampe wird im Wasserstrahl viele Male reflektiert, so daß dieser in seiner ganzen Länge aufleuchtet.

Ein Vielzweckprojektor

Bei diesem Experiment sollten die Eltern behilflich sein, da mit elektrischem Strom gearbeitet wird! Es erfordert viel Vorbereitung.

Was wir brauchen: 1 Holzplatte 86 x 31 x 1,5 cm – 1 Holzleiste 1 x 2 cm, 150 cm lang – 2 dicke Holzleisten 7 x 10 und 7 x 16 cm – 1 Holzklotz, etwa 5 x 5 x 10 cm – 1 Holzplatte 12 x 20 x 1,5 cm – 1 Holzleiste 33 x 1,5 x 1,5 cm – 1 Vergrößerungsspiegel (Rasierspiegel) – 1 kleines Metallplättchen (ca. 2 x 4 cm) – 1 Nachttischlampe ohne Schirm mit matter 60 W Birne – 1 Standrundkolben mit kurzem Hals (etwa 250 ml), zur Not geht auch ein glattes, zylindrisches Konservenglas – 1 große Pappkartonschachtel – 1 dicker, schwarzer Karton 30 x 30 cm (eventuell 2 Bogen aufeinanderkleben) – 1 Stück schwarzen Karton – 1 Sammellinse (kleines Vergrößerungsglas) – 1 dicken, weißen Karton 40 x 40 cm – 2 dünne Glasplatten 10 x 10 cm – 4 dicke Metallbeilagscheiben – 4 Wäscheklammern aus Holz – Plastillin oder Glaserkitt – 4 Kronkorken – Teppichklebeband (ca. 3 x 3 cm) – Winkeleisen – Holzschrauben

Wie wir vorgehen: Gemäß der Skizze auf S. 26 oben schneiden wir unsere große Holzleiste in Stücke der angegebenen Länge, kleben sie auf die Grundplatte und zeichnen auch den gestrichelten Kreis an. Dann legen wir die längere der beiden dicken Leisten zwischen die schmalen Leistenstücke vor den Kreis und befestigen darauf mit einem Stück Doppelklebeband die Nachttischlampe. Der Mittelpunkt der Glühbirne bestimmt von jetzt an die Lage der Projektionsachse, d. h. die Mittelpunkte aller anderen Teile (Spiegel, Kolben, Objektträger, Linse) müssen ebenfalls auf ihr liegen (Bild S. 25). Auf der Lampenleiste befestigen wir auch den Spiegel, indem wir das Metallplättchen quer über seinen Griff schrauben. Den Spiegel selbst stellen wir so senkrecht, daß sein Mittelpunkt auf die Projektionsachse fällt. In die kleinere, dicke Leiste sägen wir quer einen Einschnitt, in den wir den schwarzen Karton einsetzen können. Dort, wo die Projektionsachse den Karton durchstößt, schneiden wir eine runde Öffnung, die etwas kleiner ist als unser Vergrößerungsglas und befestigen es mit 2 kleinen Kartonplättchen am oberen und unteren Rand (Bild S. 25). Das Holzstativ bauen wir aus dem

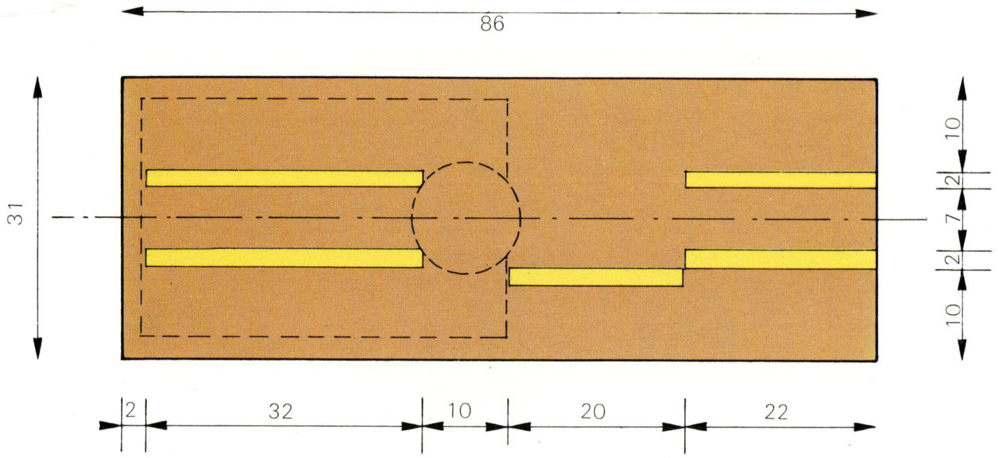
86
31
10
2
7
2
10
2
32
10
20
22

zweiten Brett und dem Holzstab, der wiederum exakt abgesägt sein muß, damit der Stab genau senkrecht auf der Platte steht. Erst kleben wir ihn fest, dann fixieren wir ihn zusätzlich von unten her mit einer versenkten Schraube. Seitlich am Stab befestigen wir mit je 2 kleinen Holzschrauben die Wäscheklammern so, daß sie etwa 4 cm ober- bzw. unterhalb der Projektionsachse liegen (auf dem Bild wurden Metallklammern verwendet!). Nun stellen wir den **Kondensor** – den Rundkolben – auf den Holzklotz und sägen diesen so zurecht, daß die Kolbenmitte auf Höhe der Projektionsachse liegt. Den Kolben füllen wir mit Wasser. Über Spiegel, Lampe und Kondensor stellen wir die Kartonschachtel, schneiden in die Seite, hinter der unser Kondensor steht, eine runde Öffnung von ca. 10 cm Durchmesser (Projektionsachse durch den Mittelpunkt) und bohren in die Decke eine Anzahl Löcher zur Abführung der erwärmten Luft. Wir bedecken sie mit einem Stück Karton, das auf den 4 Kronkorken ruht. Am unteren Rand bohren wir einige zusätzliche Löcher in die Seitenwände zur Luftzufuhr und als Kabeldurchtritt. Zur Einstellung des Projektors spannen wir ein Blatt weißes Papier zwischen die Wäscheklammern und verschieben die Leiste mit der eingeschalteten Lampe und dem Spiegel und das Stativ entlang der Führungskanten, bis auf dem Papier ein gleichmäßig heller Fleck von der Größe der zu projizierenden Gegenstände erscheint. Dann ersetzen wir das Papier durch die Glasplatten, zwischen die wir ein Dia oder einen anderen Gegenstand gespannt haben, stellen mit Klammern und Winkeleisen unsere weiße Kartonleinwand

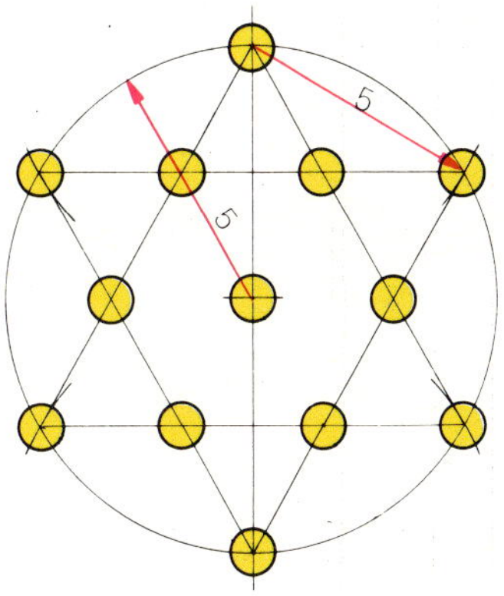

A

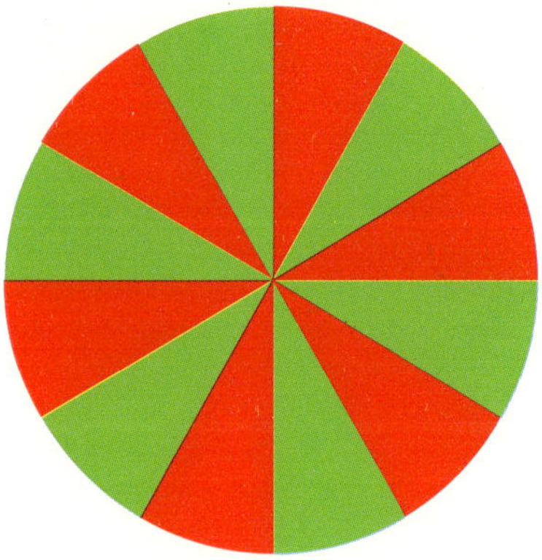

B

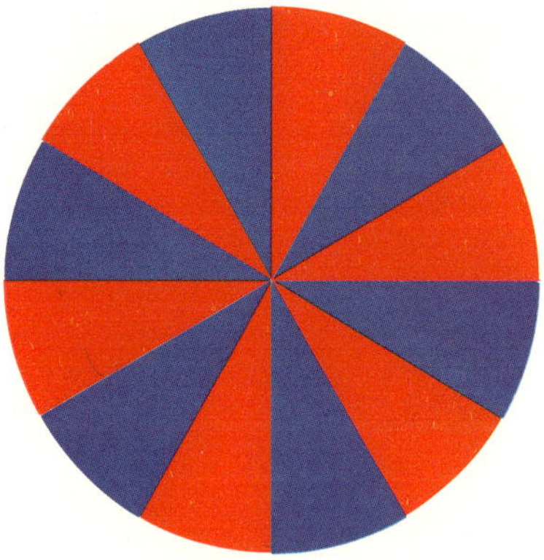

C

D

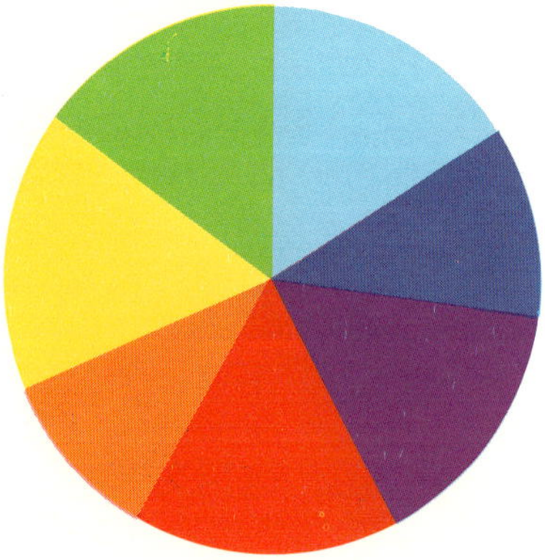

auf und verschieben jetzt den Karton mit der Linse so lange, bis das Bild auf der Leinwand scharf ist.

Was passiert: Alle Gegenstände, die wir zwischen die Glasplatten spannen, werden vergrößert und auf dem Kopf stehend auf die Leinwand projiziert. Spiegel und Kondensor bewirken dabei die gleichmäßige Ausleuchtung, die Linse die eigentliche Projektion. Von undurchsichtigen Gegenständen erscheint freilich nur ein vergrößerter Schatten. Hier einige Anregungen zur Projektion: Wir lösen 10 g Harnstoff (Apotheke) in sehr wenig Wasser, pinseln mit der Lösung eine der Glasplatten ein und lassen das Wasser verdunsten. Bei der Projektion der gebildeten Kristalle erhalten wir Bilder wie auf S. 24 oben. Auch ein getrocknetes, dünnes Laubblatt ergibt ein hübsches Projektionsbild (S. 26). Mit etwas Geschick können wir ferner ein „Aquarium" bauen – der Physiker würde sagen eine **„Küvette"** – und zwar indem wir auf eine Glasplatte je eine Beilagscheibe in die Ecken legen, an drei Rändern einen Wulst aus Glaserkitt oder Plastillin anbringen, die zweite Glasplatte auflegen und das Ganze vorsichtig fest zusammenpressen. Wenn wir nun Wasser einfüllen, die Küvette in die Klammern einspannen (eventuell eine weitere Klammer auf der Gegenseite!) und einen Tropfen Tinte oder ein Körnchen Farbstoff (z. B. Ostereierfarbe) zugeben, so werden wir Bilder wie auf S. 24 unten erhalten.

Wir mischen Farben

Was wir brauchen: 3 Stabtaschenlampen – 1 Karton 26 x 28 cm – 1 weißes Blatt Papier – 2 Winkeleisen – 1 Wäscheklammer – 1 Holzklotz oder kleine Schachtel – 1 Lochzange für 1 cm Durchmesser (oder ein Metallröhrchen mit 1 cm Durchmesser und angefeilten Rändern zum Stanzen) – Je 1 Stück rote, blaue und grüne durchsichtige Folie (z. B. Schutzumschlag für Schulhefte) – Gummiringe

Wie wir vorgehen: Wir übertragen die Zeichnung von S. 27 unten so auf unseren Karton, daß jene drei Löcher, die in der Vorlage auf einer senkrechten Linie angeordnet sind, genau auf der Mittellinie unseres Kartons liegen und dabei das unterste Loch 7 cm vom unteren Rand entfernt ist. Dann stanzen wir die Löcher aus. An die Wand heften wir nun mit Klebefilm ein weißes Blatt Papier, stellen 25 cm davon entfernt mit dem Winkeleisen und der Klammer den Karton auf und befestigen die farbigen Folien mit Gummiringen an den Taschenlampen. Diese postieren wir in 40 cm Abstand vom Karton so, daß ihr Licht auf ihn fällt. 1 Lampe legen wir auf den Klotz, die beiden anderen zu beiden Seiten auf den Tisch. Nun verdunkeln wir das Zimmer, schalten die Lampen ein und verschieben sie so lange (eventuell etwas unterlegen) bis sich alle drei Farben im Zentrum und je zwei an den Seiten überlagern.

Was passiert: Im Zentrum überlagern sich die drei Farben Rot, Blau und Grün zum Gesamteindruck Weiß, an den Seiten jeweils zwei Farben zu Gelb, Violett und Blaugrün. Weiß ist nämlich keine reine Farbe **(Spektralfarbe),** sondern eine Mischfarbe. Man nennt Rot, Blau und Grün **Farben 1. Ordnung,** Gelb und Violett und Blaugrün **Farben 2. Ordnung.** Das Ergebnis unseres Versuchs fällt je nach der Farbreinheit der Folien noch eindeutiger aus als das Foto von S. 27.

Farbenkreisel

Was wir brauchen: 2 hölzerne Fadenspulen – 4 kurze runde Holzstäbe, passend zu den Fadenspulen – Weißes Zeichenpapier – Farbige Filzstifte

Wie wir vorgehen: Wir sägen die Seitenteile der Spulen ab, spitzen die Holzstäbe mit einem Bleistiftspitzer an und stecken sie durch die Spulen (Bild S. 28 unten). Wenn die Stäbchen zu dünn sind, umwickeln wir sie mit etwas Klebeband. Nun übertragen wir die Farbscheiben von S. 28 oben mit Filzschreibern auf Zeichenpapier, schneiden sie aus und kleben sie auf die Oberfläche der Kreiselscheiben.

Was passiert: Wenn wir die Kreisel in schnelle Drehung versetzen, sehen wir statt der Scheibe A eine gelbe, statt B eine violette, statt C eine blaugrüne und statt D eine weiße Kreiseloberfläche. Das Auge kann nämlich wegen seiner Trägheit die rasche Kreiselbewegung nicht auflösen und mischt deshalb die Farben auf den Kreiseln. Die sogenannte **Newtonscheibe** D mischt die sieben sogenannten **Spektralfarben** zu weißem Licht. Dieser Versuch ergänzt direkt den vorhergehenden.

Anmerkung: Wer sich die Arbeit vereinfachen will, kann die vier Farbenkreisel aus der Seite 16 ausschneiden.

Wege des Lichts

Was wir brauchen: 1 großes Glasgefäß mit ebener Wand (Aquarium) – 1 schwarzen Karton mit drei Löchern von ca. 1 cm Durchmesser etwa je 3 cm übereinander – 2 Winkeleisen – 1 Wäscheklammer – Rote Tinte – Wasser

Wie wir vorgehen: Wir stellen einige cm von einer Wand des Glasgefäßes entfernt den Karton auf, füllen das Gefäß so weit mit Wasser, daß der Wasserspiegel etwas oberhalb des zweiten Loches liegt und geben einige Tropfen rote Tinte zu. Dann lassen wir von schräg oben eine Lampe (oder die Sonne) auf den Karton scheinen, so daß die Lichtstrahlen auf das Glasgefäß fallen (Bild 1 S. 30).

Was passiert: Die beiden Lichtstrahlen, die auf die Seitenwand treffen, setzen sich im Wasser parallel zueinander fort. Wenn wir genau messen könnten, würden wir aber sehen, daß der Winkel, unter dem sie auf die Wand auftreffen, anders ist als der Winkel, unter dem sie im Wasser weiterlaufen. Man nennt diesen Vorgang **Lichtbrechung.** Der oberste Strahl trifft auf eine andere Fläche des Wasservolumens auf und wird deshalb auch anders gebrochen. Er schneidet im Wasser die beiden parallelen Strahlen.

Leuchtende Flüssigkeiten

Was wir brauchen: 1 Glas – Wasser – Rote Tinte
Wie wir vorgehen: Wir füllen das Glas halb mit Wasser und geben ein bis zwei Tropfen rote Tinte dazu. Dann halten wir das Glas ins Sonnenlicht und betrachten es einmal in Richtung zur Sonne und dann im rechten Winkel dazu.

Was passiert: Im ersten Fall erscheint uns die Lösung rosa, im zweiten Fall gelbgrün. Das Sonnenlicht regt nämlich die Farbstoffmoleküle ganz schwach zum Leuchten an. Wenn wir gegen die Sonne durch das Glas blicken, ist das Sonnenlicht jedoch viel stärker, und wir sehen dieses Leuchten nicht. Von der Seite her betrachtet, erkennen wir es jedoch und sehen jetzt eine andere Farbe. Der Physiker nennt diesen Vorgang **Fluoreszenz,** nach dem Farbstoff Fluorescein, der die Erscheinung besonders stark zeigt. Die Bilder 2 und 3 auf S. 30 sind mit solchen Fluoreszenzfarbstoffen entstanden.

1

2

3

Ein künstlicher Regenbogen

Was wir brauchen: 1 Trinkglas mit glattem Rand, ohne Verzierung – 1 großes Blatt weißes Papier – Wasser

Wie wir vorgehen: Wenn am Morgen oder frühen Abend eines sonnigen Tages die Sonne noch bzw. schon tief am Himmel steht, stellen wir das ganz mit Wasser gefüllte Glas an den Rand eines Tisches vor ein Fenster (oder direkt aufs Fensterbrett) und legen ein großes weißes Papier auf den Boden vor dem Tisch.

Was passiert: Bei geeignetem Sonnenstand beobachten wir auf dem Papier die Farben des Regenbogens. Diejenigen Sonnenstrahlen nämlich, die im Randbereich der Wasseroberfläche auftreffen, werden zweimal gebrochen (beim Auftreffen und beim Austritt durch die Seitenwand des Glases) und dabei ist jedesmal das Ausmaß der Brechung für die verschiedenen Spektralfarben des weißen Lichts verschieden. Dadurch wird der weiße Lichtstrahl in seine Grundfarben aufgefächert. Einen „echten“ Regenbogen können wir erzeugen, indem wir uns am Morgen oder Abend eines Sonnentages mit dem Rücken zur Sonne vor einem dunklen Gebüsch im Garten aufstellen und den Wasserstrahl eines Gartenschlauches fein zerstäuben (einfach die Öffnung mit einem Finger fast zuhalten). In den feinen Wassertröpfchen wird das Licht ebenfalls mehrfach gebrochen, wodurch – auf allerdings etwas kompliziertere Weise – der Regenbogen zustande kommt.

Allgemeine Hinweise

Alle Experimente, die in diesem Buch beschrieben werden, sind im Grunde ungefährlich. Wenn in Einzelfällen eine gewisse Vorsicht geboten ist, wird dies gesondert erwähnt. Entsprechende Hinweise (Schutzbrille, Mitwirkung der Eltern erforderlich etc.) sind sorgfältig zu beachten.
Für den Umgang mit Werkzeugen und Materialien wird das Wissen um allgemein bekannte Vorsichtsmaßregeln vorausgesetzt. Trotzdem seien nachstehend einige Hinweise gegeben:

- Beim Arbeiten mit **Messer** oder **Säge** müssen wir immer so verfahren, daß beim eventuellen Abrutschen des Werkzeugs keine Verletzung eintreten kann. Stets also in Richtung vom Körper weg arbeiten und die zweite Hand aus dem möglichen Gefahrenbereich heraushalten.
- Beim Arbeiten mit **Klebstoffen** und beim Experimentieren mit **Farben** bzw. **gefärbten Flüssigkeiten** sollten wir daran denken, daß diese Stoffe häufig nicht oder nur schwer aus der Kleidung bzw. von der Unterlage zu entfernen sind. In solchen Fällen arbeiten wir auf einer alten Zeitung oder einer abwaschbaren Fläche.
- Alle Versuche, bei denen mit **Haushaltsstrom** (220 V) gearbeitet wird, erfordern unsere besondere Vorsicht und sollten mit Hilfe der Eltern aufgebaut werden. Die Verwendung technisch einwandfreier Geräte und Zuleitungen ist dabei Voraussetzung.
- **Glühbirnen** erzeugen neben Licht in erheblichem Umfang Wärme. Bei eingebauten Lichtquellen müssen wir deshalb für eine ausreichende Belüftung und für einen genügend großen Abstand zur Abdeckung sorgen.
- **Glasröhren** und **Glasplatten** haben an den Schnitt- oder Bruchstellen sehr scharfe Ränder. Diese sind stets mit feinem Schmirgelpapier stumpf zu machen. Besondere Vorsicht ist geboten, wenn Glasröhrchen durch Korken gesteckt werden müssen. Da hierbei abbrechende Röhrchen zu bösen Verletzungen führen können, vermindern wir mit etwas Öl oder Glycerin die Reibung zwischen Glas und Kork und tragen nach Möglichkeit feste Arbeitshandschuhe.
- Auch die scharfkantigen Schnittränder von **Metallplatten** und **Metallröhren** schmirgeln wir mit feinem Sandpapier (oder mit der Flachfeile) glatt.
- **Glasbehälter,** die **erhitzt** werden, müssen außen vollkommen trocken sein, da sonst die Gefahr des Zerspringens besteht. Aus dem gleichen Grund dürfen heiße Glasbehälter auch nicht plötzlich abgekühlt werden.
- Benützte **Haushaltsgeräte** (Gläser etc.) müssen wir nach dem Versuch stets sorgfältig reinigen.

Ehe wir mit einem Experiment beginnen, besorgen wir uns zunächst alles Zubehör. Dann lesen wir die Beschreibung sorgfältig **ganz** durch und fangen nun erst mit dem eigentlichen Aufbau an.

Benötigte Werkzeuge

Die Werkzeuge, die wir für den Aufbau unserer Versuchsanordnungen benötigen, dürften in jedem Haushalt vorhanden sein. Die Beschaffung eventuell fehlender Stücke empfiehlt sich schon deshalb, weil alle genannten Werkzeuge auch im täglichen Gebrauch – bei kleinen Reparaturen und häuslichen Selbsthilfearbeiten – gute Dienste leisten können.

Was wir brauchen

Säge
Universalsäge, möglichst mit freiem Sägeblatt.

Handbohrer
Verschiedene Größen. Zum Bohren von Löchern in Holz und Korkstopfen.

Schraubenzieher
Verschiedene Größen. Ein Schraubenzieher sollte stets etwa so breit sein, wie der Kopf der verwendeten Schraube.

Universalzange
Auch als Kombizange bekannt. Sie sollte aus gutem Werkzeugstahl bestehen.

Schere
Gewöhnliche Haushaltsschere für Papier, Karton, usw. Eine stärkere Ausführung für Metallbleche etc.

Klebstoffe
Alleskleber, Holzkleber, Styroporkleber, 2-Komponenten-Kleber. In manchen Fällen ist Klebstoff aus der Sprühdose sehr gut geeignet.

Messer
Sägemesser zum Schneiden von Karton, Styropor, Kork etc. Bastelmesser mit auswechselbarer, scharfer Klinge (spitz).

Hefter
Bürogerät; Ausführung für kleine Heftklammern (7 mm).

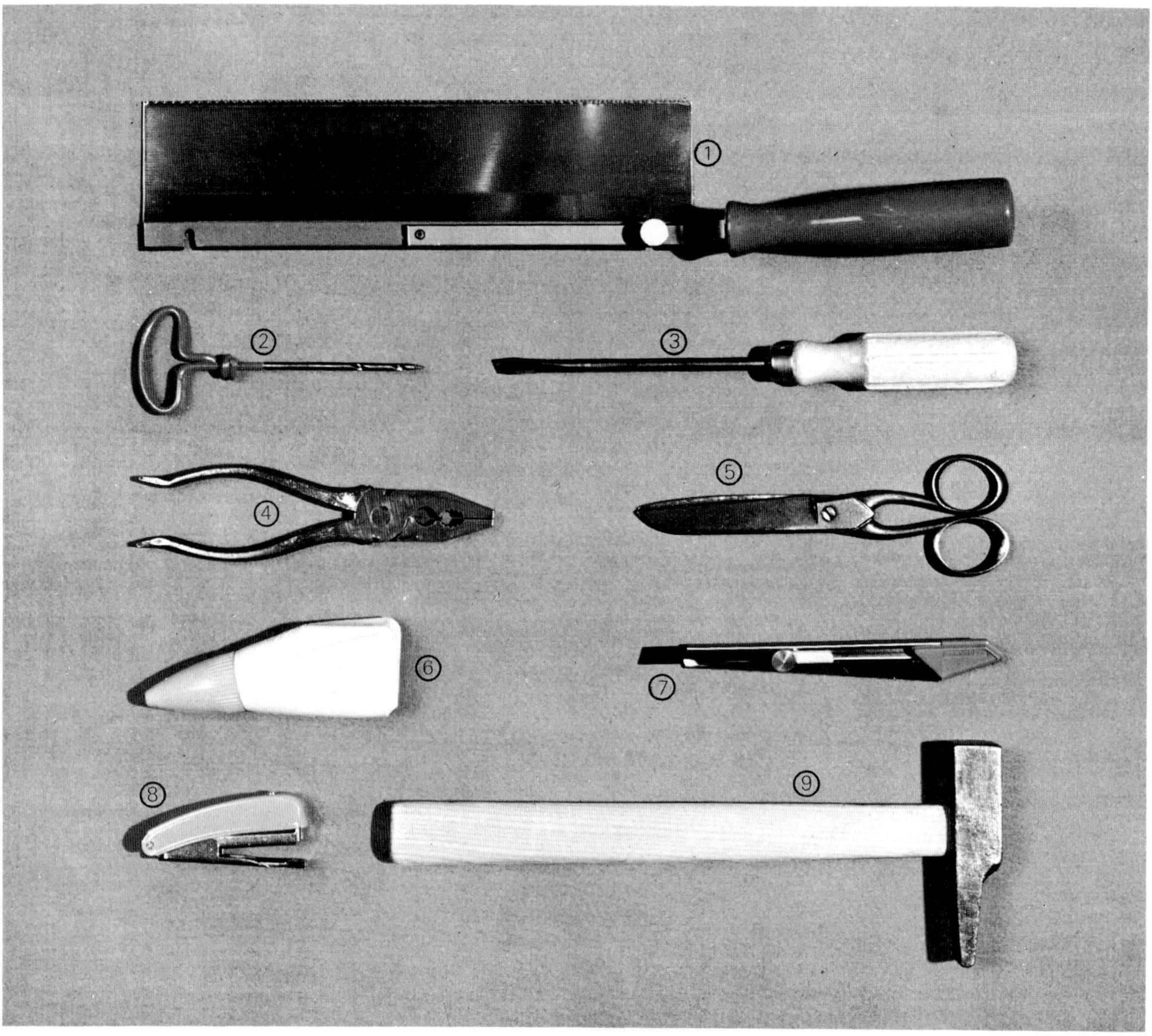

① Blattsäge
② Handbohrer
③ Schraubenzieher
④ Universalzange
⑤ Schere
⑥ Klebstoff
⑦ Bastelmesser
⑧ Hefter
⑨ Hammer

Hammer
Schlosserhammer mit flachem und zugespitztem Ende.
Feilen
1 Flachfeile und 1 Rundfeile für Metall- und Holzbearbeitung. 1 Dreikantfeile für Glasbearbeitung.
Bleistift und Filzschreiber
Filzschreiber in verschiedenen Farben. In wasserlöslicher und wasserfester Ausführung.
Schleifpapier
In mittelfeiner und feiner Körnung.
Klebeband
Einseitig klebend.
Teppichklebeband
Zweiseitig klebend. In Teppichgeschäften oder Kaufhäusern mit Teppichabteilung.
Lochzange
Nicht unbedingt erforderlich. Es genügt ein Metallrohr mit 1 cm Innendurchmesser, dessen Ende mit der Feile scharfrandig zugefeilt ist, und dazu eine dicke Zeitung als Unterlage.

Benötigte Hilfsmittel

Styropor
ist jenes Material, das als Wärmeisolierung und als stoßfeste Verpackung Verwendung findet. Wir erhalten es in Form von Platten verschiedener Dicke im Bau- und Kunststoffhandel (Branchentelefonbuch!) oder können es aus alten Verpackungen entnehmen. **Vorsicht, Styropor ist brennbar!**
Holz
in Form von **Platten** verschiedener Größe und **Leisten** verschiedener Abmessung lassen wir uns am besten beim Schreiner oder in Holzhandlungen zuschneiden. Bei den Platten können wir meist an Stelle des teueren Sperrholzes auch Preßholz verwenden. **Runde Holzstäbe** besorgen wir uns in solcher Dicke, daß sie eben durch die Löcher der Fadenspulen (s. unten) passen. **Holzklötzchen** verschiedener Größe finden wir oft in alten Baukästen.
Glasplatten
lassen wir uns vom Glaser in der gewünschten Größe zuschneiden. Bisweilen können wir auch Glasplatten aus kleinen Bilderrahmen bzw. Photorahmen verwenden.
Korkstopfen
erhalten wir mit alten Weinflaschen oder – besonders ausgefallene Größen – in Apotheken und Drogerien.
Karton
Wellpappe findet als Verpackungsmaterial Verwendung. Festen Karton in verschiedenen Farben erhalten wir in größeren Schreibwarengeschäften.
Klarsichtfolien
finden im Haushalt vielseitige Verwendung. Es gibt sie in ganz dünner Ausführung als Frischhaltefolie oder in dikkerer Ausführung in Form von Plastiktüten. Farbige Klarsichtfolien gibt es als Schutzumschläge für Schulhefte oder direkt in Bastelgeschäften und Schreibwarenläden.
Farben
Zum Färben von Wasser, Spiritus und Glycerin können

① Fadenspulen
② Wäscheklammern
③ Winkeleisen
④ Plastikschlauch
⑤ Elektrodraht
⑥ Messingdraht
⑦ Stricknadeln
⑧ Glühbirnchen
⑨ Tropffläschchen
⑩ Hufeisenmagnet
⑪ Kugellager-Kugeln

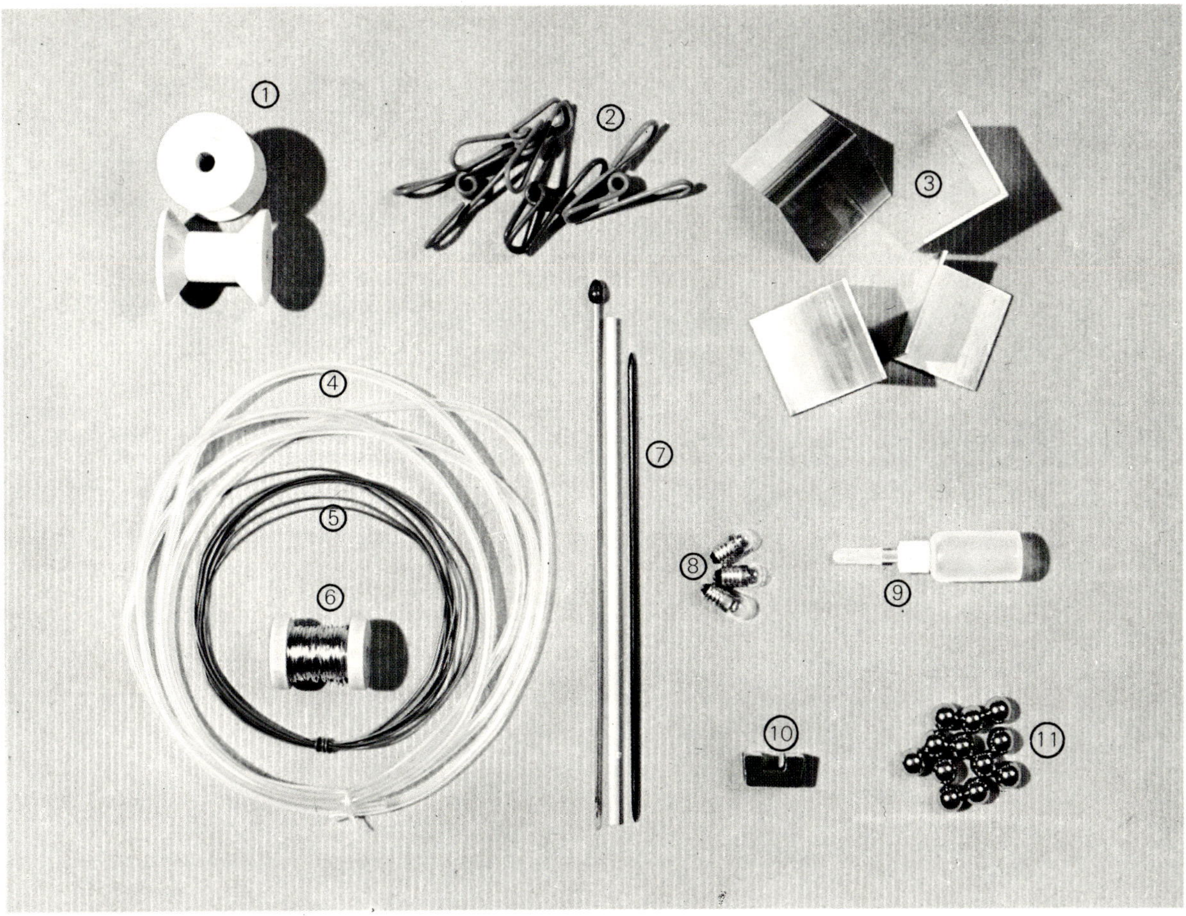

wir farbige Tinten verwenden. Zum Färben von Ölen eignet sich Nachfüllfarbe für wasserfeste Filzschreiber.

Schläuche
Biegsame Schläuche erhalten wir an Tankstellen und in Autoreparaturwerkstätten in Form von Benzinschläuchen oder in Tierhandlungen als Aquariumzubehör. Die größte Auswahl haben Fachgeschäfte für Laborbedarf, die aber meist nur größere Längen verkaufen.

Messingdraht
erhalten wir in Eisenwaren-, Haushaltswaren- oder Modellbaugeschäften. Er wird mit den Schneidbacken der Kombizange, nicht mit der Papierschere geschnitten!

Winkeleisen
Wir lassen uns von einem Aluminium- oder Messingblechstreifen (Eisenwarenhandlung) gleich lange Stücke abschneiden (etwa 2 x 6 cm) und biegen sie an einer harten Kante in der Mitte rechtwinklig um.

Wäscheklammern
Am besten geeignet sind Holzwäscheklammern mit flachen Backen.

Fadenspulen
sammeln wir in verschiedenen Größen. Es eignen sich nur Holzspulen. Dazu brauchen wir meist passende Rundholzstücke (s. Holz).

Elektrodraht
erhalten wir in Elektrogeschäften. Wir brauchen ihn in Form von Draht (massiv, 0.6-0.8 mm, kunststoffisoliert) und Litze (aus feinen Drähten gewickelt, kunststoffisoliert). Solche Drähte eigen sich nur für Schwachstrom!

Glühbirnchen
gibt es ebenfalls in Elektrogeschäften. Die jeweiligen elektrischen Daten sind in den Versuchsbeschreibungen angegeben.

Tropfpipetten
erhalten wir in der Apotheke oder wir entnehmen sie aus leeren Medikamentenflaschen (z. B. Mundwasser, Nasentropfen, Augentropfen etc.).

Glasröhrchen
sind nur in Fachgeschäften für Laborbedarf problemlos erhältlich. Häufig können wir an ihrer Stelle auch Metallröhrchen verwenden, die in Eisenwarenhandlungen oder Installationsgeschäften verkauft werden. Mit einer Metallsäge schneiden wir passende Stücke ab.

Hier noch eine kleine Zusammenstellung spezieller Hilfsmittel und geeigneter Bezugsquellen:

Apotheken: Glycerin, Tropfpipetten, Zellstoff.
Eisenwarengeschäfte: Messingdraht, Fliegengitter, Blumendraht, Schrauben, Nägel, Beilagscheiben.
Elektrogeschäfte: Klingeldraht, Litze, Flachkabel, Birnchen, Fassungen, Batterien, Taschenlampen.
Farbengeschäfte: Matter, schwarzer Hartglasurlack für Glas und Metall; matte, schwarze Plakatfarbe für Styropor; Pinsel.
Fachgeschäfte für Laborbedarf (nur in größeren Städten; Branchentelefonbuch!): Standrundkolben, Glasrohre. Korkstopfen. Schwerschmelzbare Reagenzgläser.
Schreibwarengeschäfte: Karton, Tinten, Zeichenpapier, Plastillin, farbige Folien, Metallfolien.
Ferner Modellbaugeschäfte, Spielwarengeschäfte, Schlossereien, Fahrradwerkstätten usw.

Grundlegende Arbeiten

Styropor
schneiden wir mit einem Sägemesser, wobei wir nur schwach aufdrücken. Für kleine Vertiefungen benützen wir das spitze, scharfe Bastelmesser. Zum Kleben von Styropor gibt es spezielle Klebstoffe.

Holzverbindungen
Wenn wir eine Stütze auf einer Holzplatte befestigen müssen, bohren wir zunächst ein Loch von der Dicke der zu verwendenden Schraube durch die Platte und ein, gemessen an der Schraubenlänge, etwas zu kurzes Loch in den Fuß der Stütze. Dann erweitern wir das Loch an der Plattenunterseite ein wenig (Versenkung!), stecken von unten die Schraube hindurch, geben etwas Leim auf den Fuß der Stütze und schrauben sie auf das überstehende Ende der Schraube. Zum Schluß ziehen wir diese mit dem Schraubenzieher fest. Verbindungen werden nur dann genau rechtwinklig, wenn die Schnittflächen exakt gesägt sind. Notfalls müssen wir mit der Feile korrigieren. Beim Festnageln insbesondere sehr dünner Leisten bohren wir zunächst kleine Löcher vor, da sonst das Holz springen kann.

Glasröhrchen
werden zerschnitten, indem wir sie mit einer Dreikantfeile erweitern (¼–½ Kreis), an beiden Seiten der Ritzstelle fassen und mit einem kurzen Druck abbrechen. Zeigt dabei die Ritzstelle nach oben, so sind die Rohrhälften nach unten zu „biegen" und umgekehrt. Die scharfen Ränder schmirgeln wir mit Sandpapier glatt. **In jedem Fall tragen wir dicke Arbeitshandschuhe und eine Schutzbrille.** Splitter kehren wir sofort auf. **Für dickere Glasröhren ist dieses Verfahren nicht geeignet.**

Korken
bringen wir mit der Flachfeile und Sandpapier in die richtige Größe. Löcher bohren wir zunächst mit einem dicken Holzbohrer vor und erweitern das Loch dann mit der Rundfeile.